4 S
416

CONTRIBUTIONS A LA FAUNE MALACOLOGIQUE FRANÇAISE

VII

MONOGRAPHIE DES HÉLICES

DU GROUPE DE

L'HELIX BOLLENENSIS

— LOCARD —

PAR

ARNOULD LOCARD

LYON

IMPRIMERIE PITRAT AÎNÉ

4, RUE GENTIL, 4

1884

Extrait des *Annales de la Société Linnéenne de Lyon*
Tome XXXI, année 1884.

VII

MONOGRAPHIE DES HÉLICES

DU GROUPE DE

L'HELIX BOLLENENSIS

— LOCARD —

DÉPÔT LÉGAL
Rhône
92.° 641
1884

PAR

ARNOULD LOCARD

LYON

IMPRIMERIE PITRAT AINÉ

4, RUE GENTIL, 4

1884

CONTRIBUTIONS A LA FAUNE MALACOLOGIQUE FRANÇAISE

VII

MONOGRAPHIE DES HÉLICES

DU GROUPE DE

L'HELIX BOLLENENSIS

— LOCARD —

C'est à notre ami et collègue, M. Charles Perroud, de Lyon, que nous devons la connaissance des premiers échantillons des Hélices de ce groupe. Ils avaient été recueillis, il y a plusieurs années, aux environs de Bollène, dans le département de Vaucluse, sur la rive gauche du Rhône, et lui avaient été adressés sous le nom d'*Helix simulata* Ferussac (1). Depuis cette époque, nous avons reçu de nos correspondants, ou avons revu dans plusieurs collections, des Hélices de ce même groupe, tantôt sous le nom d'*Helix striata*, accompagné comme nom d'auteur, des noms de Müller, de Draparnaud ou de Moquin-Tandon (2), tantôt sous celui d'*Helix simulata*.

(1) *Helix simulata*, Ferussac, 1821. *Tabl. system.*, p. 4°, n° 289. — Martini et Chemnitz, 1846, p. 284, t. XXXVII, fig. 23-24. — Espèce des environs d'Alexandrie en Egypte, retrouvée en Syrie, aux environs de Jérusalem, sur les collines dominant la mer Morte, et dans l'île de Rhodes.

(2) *Helix striata*, Müller, 1774. *Verm. terr. fluv. hist.*, II, p. 38.

    —   Draparnaud, 1801. *Tabl. moll.*, p. 91. — 1805. *Hist. moll.*, p. 106.

    —   Moquin-Tandon, 1855. *Hist. moll. France.*, II, p. 239 *(sub nome, H. fasciolata.)*

Pour la synonymie de ces différentes appellations, nous renvoyons à notre travail : *Contributions à la faune malacologique de France*, VI ; *Monographie des Hélices du groupe de l'Helix Heripensis*, p. 8 et suivantes.

La comparaison des Hélices de Bollène, avec les véritables *Helix striata* et *H. simulata* nous ayant démontré que ces différéntes formes n'avaient en réalité aucun rapport, nous avons bientôt écarté de pareilles spécifications et avons adopté dans notre *Prodrome des Mollusques de France*, le nom d'*Helix Bollenensis* (1). Enfin, comme cette forme nous paraissait s'écarter de toutes les autres formes françaises déjà connues, nous avons cru devoir, dans le même travail, sur les conseils de notre savant ami, M. J.-R. Bourguignat, la placer dans un groupe à part, à la suite des Hélices du groupe de l'*Helix Nansoutyana* comprenant les *Helix Carascalensis* de Ferussac, *H. Velascoi* Hidalgo, *H. Nansoutyana* Bourguignat, *H. Carascalopsis* Fagot et *H. Renei* Fagot, dont elle se rapproche un peu par son allure générale.

Jusqu'alors, cette espèce paraissait cantonnée sur la rive gauche du Rhône, dans les départements de la Drôme et de Vaucluse. Depuis la publication de notre *Prodrome*, M. Paul Fagot a récolté aux environs de Villefranche-Lauraguais, dans la Haute-Garonne, une forme voisine, que nous avions dans le principe, sur la vue d'un petit nombre d'échantillons, confondue avec notre *Helix Bollenensis*, mais qui s'en distingue cependant par plus d'un caractère. A la description de cette espèce nouvelle sous le nom d'*Helix Lauracina*, M. Fagot a joint la description de deux autres espèces récoltées dans le département de Vaucluse, les *Helix Visanica* et *H. Carpensoractensis*.

D'autre part, le Frère Florence, des Petits Frères de Marie, zélé malacologiste, avait adressé à M. Bourguignat tout un lot d'Hélices provisoirement classées sous le nom d'*Helix Bollenensis*, et récolté aux environs de Saint-Paul-Trois-Châteaux dans la Drôme. M. Bourguignat put reconnaître dans cet envoi plusieurs formes différentes, bien distinctes de notre premier type, et qu'il a bien voulu nous adresser sous les noms d'*Helix Robiniana* Bourguignat et *H. Tricastinorum* F. Florence.

Enfin, à différentes reprises, nous avons reçu de nouvelles stations de nombreux échantillons correspondant à des formes distinctes, appartenant toutes à ce même groupe, aujourd'hui mieux connu et mieux étudié. Dans ce nombre se trouve une forme nouvelle du département de l'Aude, qui nous a été très obligeamment communiquée par M. P. Fagot, sous le nom d'*Helix foliorum*.

Nous sommes ainsi arrivé à cette conclusion qu'en prenant pour type

---

(1) A. **Locard**, 1882, *Prodrome de Malac. franç.*, *Moll. terr. et des eaux douces*, p. 96 et 323.

ñotre ancien *Helix Bollenensis*, tel que nous l'avions précédemment décrit,
il convenait de grouper autour de lui un certain nombre de formes affines,
mais spécifiquement distincts par des caractères bien nes et bien
constants. Reprenant donc l'étude de toutes les formes connues jusqu'à
ce jour et se rattachant à ce groupe, nous avons pensé qu'il serait inté-
ressant d'en donner une monographie complète, renfermant non seulement la description de chaque espèce, mais donnant, en outre, les rapports et différences qu'elles peuvent présenter entre elles, pour qu'il soit
possible à tout le monde de les spécifier facilement.

Nous adressons ici tous nos remerciements aux bienveillants amis
qui nous ont secondé dans nos recherches, en mettant à notre disposition
leurs collections, et plus particulièrement MM. Bourguignat, Fagot,
Mabille, Perroud, Sayn et les Frères Euthyme et Florence.

GROUPE DE L'HELIX BOLLENENSIS

Le groupe de l'*Helix Bollenensis* (1) comprend une série d'Hélices de
taille variable, de formes différentes, constantes dans leurs caractères
généraux, mais présentant toutes, dans leur ensemble, un faciès tout
particulier. Elles sont en général monochromes, d'un blond isabelle, rarement fasciées, devenant blanches après la mort de l'animal ; leur test est
subopaque, solide, assez épais, crétacé ; la surface de la coquille est
ornée de stries obliques assez accusées (2), qui donnent à nos Hélices
une certaine analogie avec d'autres formes déjà connues, comme les
Helix Heripensis, *H. Solaciaca*, *H. Loroglossicola*, etc. (3). Toutes sont
ombiliquées très profondément, de telle façon que l'on peut voir par
l'ombilic le sommet de la coquille ; mais malgré cela, cet ombilic est
relativement assez étroit et présente des caractères particuliers propres à

---

(1) Il importe de rectifier l'orthographe de ce nom qui doit s'écrire *Bollenensis*, plutôt que
Bolenensis. La forme française Bolène employée quelquefois au dernier siècle, est absolument
bâtarde, et ne peut s'expliquer que par une prononciation locale. En latin, on trouve les deux
formes *Bollena* et *Abollena*. Avec M. Charles Mayer, de Zurich (*Cardium Bollenense*,
Pecten Bollenensis) nous adopterons donc la dénomination de *Bollenensis* pour notre Hélix.

(2) Nous ne saurions mieux exprimer la nature de cette ornementation qu'en faisant ici
usage de l'expression *costulato-striata*.

(3) *Helix Heripensis*, J. Mabille, 1872· *In Sched.* — 1877. *In Bull. soc. Zool.* p. 304.
— *Solaciaca*, J. Mabille, *loc. cit.*, p. 304.
— *Loroglossicola*, J. Mabille, *loc. cit.*, p. 304.

chaque espèce. Enfin, le galbe général a une tendance à être plus ou
moins globuleux, avec une spire de hauteur variable, constituant un
galbe spécial à chacune de nos espèces.

Par leur galbe, par leur allure, ces Hélices doivent prendre rang dans
la méthode, à la suite du groupe de l'*Helix Nansoutyana* ; en effet, les
Hélices de ce dernier groupe ont une allure globuleuse tout à fait com-
parable à certaines de nos espèces ; mais celles-ci ont en outre un mode
d'ornementation qui nous oblige à les classer à part.

On ne saurait confondre, comme on l'a fait si souvent, les Hélices de
ce genre avec l'*Helix simulata* ou avec l'*Helix striata* des auteurs. Est-il
bien nécessaire de revenir sur de telles comparaisons? L'*Helix simulata*
est une forme bien connue, bien définie (1), avec un habitat tout particulier qui n'a de rapports réels avec aucune de nos formes françaises.
Quant à l'*Helix striata* type, nous en avons donné la description exacte
dans un autre travail (2), d'après des échantillons de la Saxe, c'est-à-dire
de la région même où Müller, son véritable auteur, avait pris son type ; et
l'on peut voir qu'aucune de nos espèces n'a de sérieux rapports avec
une telle forme.

Toutes les Hélices de ce groupe paraissent cantonnées dans le midi
et plus particulièrement dans le sud-est de la France ; nous ne les connaissons, jusqu'à présent du moins, dans aucun autre pays. Leur dis-
persion géographique s'étend dans la vallée du Rhône, depuis Valence
jusqu'à la mer, tandis que ce même aréa s'étend de l'est à l'ouest depuis
les Alpes maritimes jusqu'à la Haute-Garonne, mais en laissant encore
bien des lacunes à combler entre ces points extrêmes. Nul doute que de
nouvelles recherches, plus suivies et plus attentives, ne fassent découvrir
quelques-unes des formes de ce genre, ou même des formes nouvelles,
dans bien des stations jusqu'à ce jour inconnues. Peut-être même ces
formes sont-elles déjà récoltées, mais classées dans des collections sous
quelque dénomination aussi erronée que celle que nous citions plus
haut. C'est là une des raisons qui nous ont conduit à publier cette petite
monographie, espérant ainsi appeler l'attention des malacologistes sur
ces formes si intéressantes.

---

(1) Voici du reste la diagnose que L. Pfeiffer donne de cette espèce: *H. testa perforata,
globoso-turbinata, regulariter costulato-striata, albida vel grisea, fusco vel spadiceo inter-
rupte fasciata; spira conoïdea, apice obtuso, anfr. 5 convexiusculis; apertura lunato-
suborbiculari; perist. acuto, intus labiato, marginibus conniventibus, columellari vix
reflexiusculo.*

(2) Locard, 1883. *Monog. Helix Heripensis,* p. 8.

Presque toutes les Hélices de ce groupe semblent de préférence recher-cher les terrains un peu secs, sableux ou arénacés ; redoutant peu la chaleur, protégées contre les ardeurs solaires par la nature même de leur test, comme par sa coloration, elles vivent fixées sous les pierres et les rochers, à la façon des *Leucochroa candidissima* (1), pendant les jour-nées de sécheresse, pour ramper sur les mousses et les lichens ou grimper sur les graminées et les arbrisseaux au moment des pluies ou des fortes rosées.

Jusqu'à présent, nous avons admis dans ce groupe neuf espèces. En nous basant sur le galbe général de ces coquilles, nous les subdiviserons pour plus de facilité en deux sous-groupes :

A. — Sous-groupe comprenant des formes globuleuses à spire plus ou moins élevée :

Helix Bollenensis, Locard.
— *Lauracina*, Fagot.
— *Carpensoractensis*, Fagot.
— *Robiniana*, Bourguignat *(nov. sp.)*
— *foliorum*, Fagot *(nov. sp.)*.
— *prinohila*, Mabille.

B. — Sous-groupe comprenant des formes plus ou moins subdépri-mées, à spire moins élevée que chez les espèces précédentes :

Helix Perroudiana, Locard *(nov. sp.)*.
— *Visanica*, Fagot.
— *Tricastinorum*, F. Florence *(nov. sp.)*.

Comme aucune des coquilles de ce groupe n'avait encore été figurée jusqu'à ce jour, nous avons cru utile de faire dessiner quelques-unes des formes les plus typiques. Dans un tableau annexé à ce mémoire, nous avons résumé toutes les données relatives à la description de chacune de nos espèces. Nous estimons qu'avec l'aide de ce tableau il sera facile de se rendre un compte exact des caractères comparatifs de chacune de nos différentes espèces.

(1) *Helix candidissima*, Draparnaud, 1801. *Tabl. moll.*, p. 75. — 1805 *Hist. moll.*, p. 55, pl. **V**, fig. 19.

A. — Sous-groupe des FORMES GLOBULEUSES

HELIX BOLLENENSIS, Locard

Fig. 1-3.

Helix Bolenensis, LOCARD, 1879. *Mss.* — 1882. *Prodr. malac. franç.*, p. 96 et 823.

DESCRIPTION. — Coquille d'un galbe général globuleux, conique en dessus, assez fortement renflé en dessous. — Test solide, épais, crétacé, subopaque, orné de stries longitudinales ondulées, fines, rapprochées, irrégulières, continues ou discontinues, aussi fortes en dessus qu'en dessous, un peu atténuées à la naissance de l'ombilic ; d'un blanc jaunâtre, le plus souvent monochrome, sans bandes ni fascies, devenant plus pâle en dessous ; parfois avec des bandes d'un jaune roux peu marquées, comme obsolètes, étroites, subcontinues, en nombre variable, plus nombreuses en dessous qu'en dessus. — Spire élevée, conique, composée de cinq à cinq et demi tours à profil bien convexe, régulièrement et progressivement étagés les uns au-dessus des autres, séparés par une ligne suturale bien marquée. — Croissance spirale lente et régulière dans tout son ensemble, à peine un peu plus rapide au dernier tour. — Dernier tour bien arrondi à son extrémité, à section exactement circulaire à sa naissance comme à son extrémité. — Insertion du bord supérieur de l'ouverture légèrement inférieure au plan médian horiz n-tal de l'avant-dernier tour à sa naissance, à peine tombante et régulièrement infléchie sur toute la longueur du dernier tour. — Sommet obtus, lisse, brillant, fauve ou noirâtre, sur un tour et demi de spire environ — Ombilic bien visible jusqu'au sommet de la coquille, petit, peu évasé à l'origine, très régulièrement enroulé, laissant voir à sa naissance l'avant-dernier tour sur une largeur égale à un peu moins du quart du diamètre maximum de l'ombilic. — Ouverture très oblique, peu échancrée par l'avant-dernier tour, à bords assez rapprochés, presque exactement circulaire. — Péristome discontinu, mince, tranchant, épaissi intérieurement par un bourrelet d'un blanc légèrement rosé, plus saillant dans le bas que dans le haut ; bord supérieur arrondi ; bord inférieur également arrondi, paraissant comme très légèrement renversé ; bord columellaire un peu plus développé, recouvrant l'ombilic sur un quart environ de sa largeur totale.

DIMENSIONS. — Diamètre maximum : 12 à 14 millimètres.
              Hauteur totale :   10 à 11 1/2 millimètres.

OBSERVATIONS. — C'est la première de toutes les coquilles de ce groupe que nous ayons connues. Ce type provenait de Bollène dans le département de Vaucluse, et nous avait été donné par notre ami M. Charles Perroud sous le nom d'*Helix simulata* Ferussac, en même temps qu'une autre forme que nous examinerons plus loin sous le nom d'*Helix Perroudiana*. Dans notre *Prodrome de malacologie française*, nous avons donné déjà une description sommaire de cette même Hélice sous le nom d'*Helix Bolenensis* (1). Sous cette même dénomination, nous avions à cette époque confondu plusieurs formes affines, aujourd'hui mieux connues, mieux définies qui viennent se rattacher à cette première espèce que nous gardons comme tête de groupe.

Comme on peut le voir par la description que nous venons de donner, l'*Helix Bollenensis* est plus particulièrement caractérisée par son galbe globuleux, avec une spire bien conique en dessus ; de toutes les Hélices de ce groupe, c'est celle qui atteint la taille la plus grande, et qui conserve la forme la plus globuleuse. En même temps, c'est celle dont les stries sont peut-être les moins profondément burinées. Chez certains sujets de belle venue, ces stries tendent même parfois à s'atténuer et à disparaître dans la partie médiane du dernier tour, surtout à sa naissance.

VARIÉTÉS. — L'examen d'un très grand nombre de sujets nous a conduit à distinguer chez l'*Helix Bollenensis*, les trois variétés suivantes :

A. — Var. **depressa**. — Coquille de grande taille, bien globuleuse en dessous, mais un peu moins conique en dessus, à spire un peu moins élevée, avec des tours àprofil un peu moins convexe. Dans cette *var.*, le diamètre maximum restant le même que dans le type, la hauteur totale peut avoir jusqu'à deux millimètres de moins.

B. — Var. **minor**. — Coquille de même galbe que le type, mais de taille plus petite, mesurant moins de 10 à 12 millimètres comme diamètre maximum et 9 à 10 millimètres de hauteur totale.

(1) A. Locard, 1882. *Prod. malac. franç.*, p. 323.

C. — Var. **fasciolata.** — Coquille de taille moyenne, de même galbe que le type ou un peu déprimé en dessus, ornée de bandes d'un roux pâle, en nombre variable, plus souvent dessinées en dessous qu'en dessus.

HABITAT. — Cette forme paraît plus particulièrement cantonnée sur la rive gauche du Rhône, au-dessous de Valence, dans les départements de la Drôme, des Basses-Alpes et de Vaucluse. C'est, dans ces localités, une forme assez répandue, constituant des colonies populeuses plus ou moins dispersées. Nous connaissons le type dans les stations suivantes : Bollène, le mont Léberon, Apt, Visan, dans le département de Vaucluse ; Nyons, Sisteron, Forcalquier dans les Basses-Alpes ; Saint-Paul-Trois-Châteaux, Romans, Pierrelate, Montélimart, La Garde Adhemar, Clansayes, Solerieu, Montségur, Saint-Restitut, Suze, Douchet et Tulette dans la Drôme ; les environs d'Arles, dans les Bouches-du-Rhône ; le quartier de Barrelles près Villefranche-Lauraguais dans la Haute-Garonne. — Var. *depressa :* Saint-Paul-Trois-Châteaux, Montélimart, et la plupart des stations de la Drôme.— Var. *minor :* Les environs d'Orange, Valréas, dans le département de Vaucluse. — Var. *fasciolata :* çà et là, dans la Drôme, au milieu des autres colonies.

HELIX LAURACINA, Fagot

Fig. 4-6.

Helix Bolenensis, LOCARD, 1882. *Prodr. malac. franç.,* p. 323 (*pars*).
 — *Lauracina,* FAGOT, 1884. *Diagn. d'espèces nouvelles,* p. 3.

DESCRIPTION (1). — Coquille d'un galbe général subglobuleux, subconique en dessus, un peu renflé en dessous. — Test solide, épais, crétacé, subopaque, orné de stries longitudinales ondulées, assez accusées, peu régulières, rapprochées, continues ou discontinues, aussi fortes en dessus qu'en dessous, se prolongeant jusque dans l'intérieur de l'ombilic ; d'un jaune blanchâtre, passant au roux isabelle, le plus souvent monochrome

(1) Les descriptions que nous donnons dans ce travail ne sont pas, à la lettre même, la traduction des diagnoses latines données par leurs auteurs. Cela tient à ce que voulant, avant tout, rendre nos descriptions aussi comparatives que possible, nous avons dû, tout en ayant en mains le type lui-même, établir une sorte d'équilibre entre les expressions servant aux descriptions de chaque espèce, pour que leur valeur soit à la fois comparative et relative.

sans bandes ni fascies, à peine plus pâle en dessous qu'en dessus ; très rarement avec quelques bandes faiblement colorées en roux un peu plus foncé, étroites, subcontinues, visibles en dessous, en nombre très variable. — Spire un peu élevée, composée de quatre et demi à cinq tours légèrement convexes, régulièrement étagés les uns au-dessus des autres, séparés par une ligne suturale assez accentuée. — Croissance spirale, d'abord lente et régulière, puis un peu plus rapide à l'extrémité du dernier tour. — Dernier tour arrondi à sa naissance en dessus comme en dessous, un peu aplati en dessus à son extrémité. — Insertion du bord supérieur de l'ouverture presque exactement médiane, ou à peine inférieure au plan médian horizontal de l'avant-dernier tour à sa naissance ; légèrement mais régulièrement tombante sur le dernier quart du dernier tour, jusqu'à son extrémité. — Sommet obtus, lisse, brillant, noirâtre ou fauve foncé, sur un tour et demi de spire environ. — Ombilic bien visible jusqu'au sommet de la coquille, un peu large, un peu évasé à sa naissance, très régulièrement enroulé, laissant voir à sa naissance l'avant-dernier tour sur une largeur égale à environ un quart du diamètre maximum de l'ombilic. — Ouverture oblique, peu échancrée par l'avant-dernier tour, à bords assez rapprochés, un peu plus longue que haute. — Péristome discontinu, mince, tranchant, légèrement épaissi intérieurement par un faible bourrelet d'un blond roux ou jaunâtre, un peu plus saillant dans le bas que dans le haut ; bord supérieur arrondi ; bord inférieur également arrondi, paraissant comme très légèrement renversé en dehors ; bord columellaire élargi, recouvrant l'ombilic sur un peu moins du quart de sa largeur totale.

DIMENSIONS. — Diamètre maximum : 11 à 14 millimètres.
Hauteur totale : 9 à 10 1/2 —

OBSERVATIONS. — Cette forme a été découverte pour la première fois par M. Paul Fagot, aux environs de Villefranche-Lauraguais ; notre savant collègue nous en avait communiqué deux ou trois échantillons que nous considérions alors comme une simple variété de notre *Helix Bollenensis*, qui vit du reste avec elle dans la même station. Plus tard M. Fagot crut reconnaître dans ces individus des caractères assez précis, assez constants pour constituer son espèce ; il en fit donc son *Helix Lauracina*. Depuis lors, nous avons reconnu cette même forme dans un certain nombre d'autres stations. C'est ainsi que M. Bourguignat nous

l'a adressée comme provenant des environs de Saint-Paul-Trois-Châteaux
où elle paraît être très abondante, plus abondante même que l'*Helix
Bollenensis*. C'est donc à bon droit qu'une telle forme, malgré ses affini-
tés avec l'*Helix Bollenensis*, est aujourd'hui élevée au rang d'espèce.

Cette forme varie peu ; elle semble très constante dans ses caractères ;
comme taille, cependant, elle passe de onze millimètres de diamètre maximum à quatorze millimètres ; les plus beaux échantillons que nous
connaissions viennent de la Drôme et ont été recueillis aux environs de
Saint-Paul-Trois-Châteaux, par le Frère Florence.

Chez cette coquille, la présence des bandes colorées est tellement peu
importante, qu'elle ne peut en réalité pas même constituer une variété
bien distincte ; c'est à peine une sous-variété, dont les caractères sont sans
réelle valeur. Malgré cela nous avons tenu pourtant à en parler dans
notre description, mais sans y attacher d'autre importance.

RAPPORTS ET DIFFÉRENCES. — L'*Helix Lauracina* ne peut être rapproché que de l'*Helix Bollenensis* type et var. *depressa*. On le distinguera
toujours : à son galbe moins globuleux ; à sa spire moins élevée, avec
des tours moins étagés les uns au dessus des autres ; au profil moins arrondi de ces mêmes tours ; à son ombilic toujours un peu plus large,
accompagné d'un moins grand renflement du dernier tour à son extrémité ;
à son ouverture notablement moins oblique, et surtout moins exactement
circulaire , montrant toujours une tendance à être plus longue que
haute ; etc.

HABITAT. — Le type a été découvert au quartier de Barrelles près
Villefranche-Lauraguais dans la Haute-Garonne, « dans un champ de
grande luzerne (*medicago sativa*), appelée sainfoin, de la propriété
d'Auberjon, seule localité, dit M. Fagot, où nous l'avons rencontré
jusqu'à ce jour, malgré des recherches méticuleuses et réitérées. Cette
nouvelle espèce vivant avec le *Bollenensis*, paraît avoir été apportée au
milieu de graines fourragères venues de Vaucluse. » Nous avons également reconnu cette même forme dans les stations suivantes : Saint-Paul-
Trois-Châteaux, Montdragon, Romans, Montségur, etc., dans la Drôme ;
les environs d'Orange dans le département de Vaucluse ; etc.

HÉLIX CARPENSORACTENSIS, Fagot

Helix Carpensoractensis, FAGOT, 1884. *Diagn. d'esp. nouv.*, p. 17.

DESCRIPTION. — Coquille d'un galbe général globuleux-conique, très conique en dessus, bien renflé en dessous. — Test solide, épais, crétacé, subopaque, orné de stries onduleuses longitudinales, rapprochées, un peu fines, assez régulières, continues ou discontinues, à peu près aussi fortes en dessus qu'en dessous, se prolongeant jusque dans l'intérieur de l'ombilic ; d'un blond jaunâtre ou grisâtre, un peu roux, monochrome, sans bandes ni fascies, un peu plus pâle en dessous qu'en dessus. — Spire très élevée, comme acuminée, composée de cinq à six tours et demi, à profil bien convexe, régulièrement étagés les uns au dessus des autres, séparée par une ligne suturale très accentuée.— Croissance spirale très lente à sa naissance et dans les premiers tours, s'effectuant progressivement, puis un peu plus rapide sur le quart du dernier tour à son extrémité. — Dernier tour exactement arrondi à sa naissance en dessus comme en dessous, un peu plus renflé en dessous à son extrémité. — Insertion du bord supérieur de l'ouverture légèrement plus haute que le plan médian horizontal de l'avant-dernier tour à sa naissance ; presque droite ou à peine tombante à son extrémité sur une très petite largeur. — Sommet obtus, lisse, brillant, noirâtre ou fauve foncé, sur un tour et demi de spire environ. — Ombilic bien visible jusqu'au sommet de la coquille, petit, évasé et un peu elliptique à sa naissance, assez régulièrement enroulé à l'intérieur, laissant voir à sa naissance l'avant-dernier tour sur une largeur égale à près de la moitié en diamètre maximum de l'ombilic. — Ouverture relativement très peu oblique, peu échancrée par l'avant-dernier tour, à bords assez rapprochés, à peu près exactement circulaire. — Péristome discontinu, tranchant, épaissi intérieurement, sur toute sa périphérie, par un bourrelet d'un blanc jaunâtre assez saillant ; bord supérieur arrondi ; bord inférieur également arrondi, paraissant à peine renversé ; bord collumellaire élargi à sa naissance, recouvrant très légèrement l'ombilic.

DIMENSIONS. — Diamètre maximum : 11 millimètres.
Hauteur totale :　　　9　 —

OBSERVATIONS. — Cette forme nouvelle a été signalée et décrite pour la première fois par M. Paul Fagot. Elle présente comme on le voit des caractères tout particuliers qui semblent se modifier un peu avec l'habitat.

VARIÉTÉS.— La description que nous venons de donner se rapporte au type tel que nous l'avons reçu en communication de M. Fagot ; mais en même temps on trouve, notamment aux environs de Visan, dans le même département, une forme analogue, mais de taille bien plus grande, dont nous faisons une variété :

A. — Var. **major**. — Coquille de grande taille, mesurant de 12 à 14 millimètres de diamètre maximum et de 9 1/2 à 10 1/2 millimètres de hauteur totale, de même galbe que le type, mais avec la spire proportionnellement un peu moins haute par rapport au diamètre maximum.

RAPPORTS ET DIFFÉRENCES. — Il sera toujours bien facile de distinguer l'*Helix Carpensoractensis* de toutes les espèces de ce groupe, par son galbe globuleux surmonté d'une spire très conique ; de toutes les Hélices qui nous occupent, c'est celle dont la spire est la plus conique avec les tours les plus étagés, les plus séparés les uns des autres, avec le profil le plus arrondi ; pour fixer les idées, nous dirons que la spire elle-même est presque aussi haute que le dernier tour à sa naissance.

Comparé à l'*Helix Bollenensis*, la seule forme du groupe dont on puisse le rapprocher, l'*Helix Carpensoractensis* s'en distingue non seulement par cette allure toute particulière de la spire, mais encore par ses tours plus étagés, par son ombilic plus grand, moins régulièrement arrondi à sa naissance, par son ouverture moins oblique, etc.

HABITAT. — Le type a été signalé par M. P. Fagot aux environs de Carpentras dans le département de Vaucluse. La variété *major* paraît être assez commune dans les environs de Visan, dans le même département.

HELIX ROBINIANA, Bourguignat

Helix Bolenensis, LOCARD, 1882. *Prodr. malac. franç.*, p. 96 et 323 (*pars*).
— *Robiniana*, BOURGUIGNAT, 1883. *Mss.*

DESCRIPTION. — Coquille de petite taille, d'un galbe général subglobuleux-conique, un peu conique en dessus, assez renflé en dessous. —

Test solide, épais, crétacé, subopaque, orné de stries longitudinales ondulées, assez rapprochées, un peu fines , peu régulières , continues ou discontinues, presque aussi fortes en dessous qu'en dessus, à peine atténuées à la naissance de l'ombilic ; d'un roux blanchâtre, monochrome, sans bandes, ni fascies apparentes, légèrement plus clair en dessous, près de l'ombilic. — Spire assez élevée, composée de quatre et demi à cinq tours convexes, assez régulièrement étagés les uns au-dessus des autres, séparés par une ligne suturale assez accentuée. — Croissance spirale lente et régulière dans les premiers tours, légèrement plus rapide sur un peu plus du quart de l'extrémité du dernier tour. — Dernier tour arrondi à sa naissance, mais un peu déprimé, proportionnellement plus renflé en dessous à son extrémité. — Insertion du bord supérieur de l'ouverture un peu plus haute que le plan médian horizontal de l'avant-dernier tour à sa naissance, assez tombant à son extrémité, sur une longueur égale au huitième de la longueur totale de la circonférence interne dernier tour. — Sommet obtus, lisse, brillant, noirâtre, un peu foncé, sur près de deux tours de la spire. — Ombilic très petit, laissant difficilement voir jusqu'au sommet de la coquille, très légèrement évasé à sa naissance, sous une forme un peu elliptique, laissant voir à sa naissance l'avant-dernier tour sur une largeur égale à environ le cinquième du diamètre maximum de l'ombilic. — Ouverture un peu oblique, assez échancrée par l'avant-dernier tour, à bords assez rapprochés, presque circulaire quoique cependant un peu plus longue que haute.— Péristome discontinu, mince, tranchant, épaissi intérieurement sur toute sa périphérie, par un bourrelet d'un blond roux et assez fort ; bord supérieur bien arrondi ; bord inférieur plus largement arrondi et paraissant comme un peu renversé ; bord columellaire légèrement dilaté et réfléchi sur l'ombilic.

DIMENSIONS. — Diamètre maximum : 8 à 10 millimètres.
Hauteur totale :   7 à 8   —

OBSERVATIONS. — Dans le principe, l'*Helix Robiniana* des environs de Menton avait été confondue avec l'*Helix Bollenensis*. L'étude d'un plus grand nombre de sujets a permis à M. Bourguignat de constater qu'une telle forme avait des caractères assez précis, assez constants, pour être érigé au rang d'espèce. La découverte de nouvelles stations où vit cette même forme, vient encore confirmer cette manière de voir.

L'*Helix Robiniana* est une des petites espèces de ce groupe ; sa taille varie dans des limites assez étroites. Chez quelques sujets, on constate une variation qu'il importe de relever ; si dans le type le dernier tour est arrondi à sa naissance, mais un peu déprimé en dessus, chez certains sujets il peut devenir comme subcaréné ; dans ce cas, cette tendance carénale ne se manifeste que sur une faible longueur, à la naissance du dernier tour ; elle est toujours un peu supérieure, supérieure même à l'insertion de l'extrémité du dernier tour.

VARIÉTÉS. — Outre les variations précédentes que nous venons de signaler et qui nous paraissent purement individuelles, nous signalerons une variété bien définie s'appliquant à des colonies entières :

A. — Var. **depressa**. — Coquille de même taille que le type, mais à spire un peu moins élevée, à tours moins étagés, séparés par une ligne suturale moins accentuée. Chez cette variété, plus encore peut-être que dans le type, on peut rencontrer des individus présentant cette tendance à la fausse carène.

RAPPORTS ET DIFFÉRENCES. — On distingue l'*Helix Robiniana* des autres Hélices de ce groupe, à sa taille d'abord, taille toujours plus petite que celle des espèces que nous venons d'examiner jusqu'à présent; comparé aux formes précédentes, son galbe est proportionnellement moins globuleux, avec des tours de spire moins étagés, une spire moins haute que celle des *Helix Bollenensis* et *H. Carpensoractensis*. L'*Helix Robiniana* se rapprocherait davantage de l'*Helix Lauracina;* mais il en diffère : par sa spire plus conique ; par son dernier tour moins arrondi à sa naissance, avec une tendance à être comme subcaréné ; par son ouverture encore moins oblique, à bords plus épaissis, avec un bourrelet interne plus fort surtout dans le haut ; par son ombilic beaucoup plus étroit ; etc.

HABITAT. — Le type a été reconnu par M. Bourguignat aux environs de Menton, dans les Alpes-Maritimes et à Saint-Paul-Trois-Châteaux dans la Drôme. Nous l'avons également observé à Valréas et aux abords du mont Léberon, dans le département de Vaucluse, ainsi qu'aux environs de Sisteron dans les Basses-Alpes. — La var. *depressa* se trouve aux environs de Valréas.

HELIX FOLIORUM, Fagot

Helix foliorum, FAGOT, 1884. *Mss.*

DESCRIPTION. — Coquille d'un galbe général un peu globuleux, subconique en dessus, assez renflé en dessous. — Test solide, très épais, crétacé, subopaque, orné de stries longitudinales ondulées, assez rapprochées, peu régulières, continues ou discontinues, un peu plus fortes en dessus qu'en dessous, atténuées vers l'ombilic ; d'un blanc jaunâtre ou grisâtre, plus clair en dessus qu'en dessous, tantôt monochrome, sans bandes ni fascies, tantôt avec des bandes brunes étroites, en nombre variable ; bandes supramédianes, fines, étroites, discontinues, en nombre variable, les bandes supérieures plus étroites que les autres ; bandes inframédianes plus larges, souvent comme flammulées, en nombre variable, les plus proches de l'ombilic comme obsolètes.— Spire un peu élevée, composée de quatre et demi à cinq tours légèrement convexes, assez régulièrement étagés les uns au-dessus des autres, séparés par une ligne suturale peu accentuée. — Croissance spirale assez lente, assez régulière, à peine plus rapide dans la dernière moitié du dernier tour. — Dernier tour arrondi à sa naissance, s'élargissant un peu à son extrémité, à section légèrement elliptique dans cette partie.—Insertion du bord supérieur de l'ouverture, un peu supérieure au plan médian horizontal de l'avant-dernier tour à sa naissance, s'infléchissant lentement et régulièrement à son extrémité, vers l'ouverture.— Sommet lisse, obtus, brillant, noirâtre, ou fauve foncé, sur un peu plus de deux tours de spire. — Ombilic très petit, régulièrement arrondi, difficilement visible jusqu'à l'extrémité de la coquille, ne laissant voir à sa naissance l'avant-dernier tour que sur une très faible largeur.—Ouverture assez oblique, assez fortement échancrée par l'avant-dernier tour, à bords un peu distants, un peu plus longue que haute. — Péristome discontinu, mince, tranchant, épaissi intérieurement sur toute sa périphérie par un bourrelet blanchâtre assez large, un peu plus fort en bas qu'en haut ; bord supérieur légèrement arrondi ; bord inférieur plus arrondi , paraissant comme un peu renversé par suite du développement du bourrelet interne ; bord collumellaire légèrement évasé sur l'ombilic qu'il recouvre faiblement.

DIMENSIONS. — Diamètre maximum : 8 à 11 millimètres.

Hauteur totale :　　6 1/2 à 8　　—

Observations. — La présence de l'*Helix Lauracina* dans la Haute-Garonne semblerait être le résultat exclusif d'une acclimatation fortuite, si la découverte d'une Hélice nouvelle appartenant au même groupe n'avait été faite récemment dans une station intermédiaire, dans l'Aude, par M. Gaston de Malafosse. Cette intéressante trouvaille permet donc de supposer que de nouvelles recherches feront rencontrer quelques formes de ce même groupe, au moins dans les départements du Gard et de l'Hérault.

Variétés. — De toutes les formes que nous connaissions dans ce groupe, c'est l'*Helix foliorum* qui seul jusqu'à présent, présente chez quelques échantillons des bandes ornementales bien accusées, se détachant nettement en brun foncé presque noirâtre, sur un fond roux clair, ou d'un blanc jaunâtre. Par ce caractère, caractère bien peu important il est vrai, puisqu'il tend à disparaître après la mort de l'animal, l'*Helix folio-rum* se rapproche de la plupart des Hélices du groupe de l'*Helix Heripensis*, si abondamment répandu dans le midi de la France. Suivant donc que les coquilles seront ornées de bandes ou monochromes, nous établirons la var. *fasciata* pour les coquilles ainsi ornementées, gardant pour le type, les coquilles monochromes.

Rapports et Différences. — Par son galbe, par le mode d'enroulement de ses tours de spire, nous ne pouvons rapprocher cette espèce que des *Helix Lauracina* et *H. Robiniana*. Sa spire est en effet beaucoup moins élevée, beaucoup moins conique que celle des *Helix Bollenensis* et *H. Carpensoractensis*. On la distinguera de l'*Helix Lauracina* : à sa taille toujours plus petite ; à son galbe un peu plus globuleux dans son ensemble, plus renflé en dessus ; à son ombilic beaucoup plus étroit, laissant voir à l'intérieur une moins grande largeur de l'avant-dernier tour à sa naissance ; à son dernier tour croissant plus rapidement à son extrémité sur une plus grande longueur ; à son ouverture plus oblique, avec un péristome plus fortement bordé intérieurement ; etc.

Comparé à l'*Helix Robiniana*, on distinguera l'*Helix foliorum* à son galbe plus globuleux ; à sa spire moins conique, avec des tours moins étagés, à profil moins convexe ; à son ombilic encore plus étroit, plus régulièrement arrondi à sa naissance ; à son ouverture moins exactement circulaire, un peu plus longue dans le sens transversal ; à son dernier tour plus tombant à son extrémité ; etc.

Habitat. — Nous avons tout récemment reçu en communication cette espèce de M. Paul Fagot ; elle avait été récoltée par M. Gaston de Malafosse à Sallèle d'Aude , dans l'arrondissement de Narbonne. C'est la seule station où nous la connaissions pour le moment.

HELIX PRINOHILA J. Mabille

Helix prinohila, J. MABILLE, 1879. *In sched.* — 1881. *In Bull. Soc. Phil. Paris, séance du 11 juin (tir. à part, p. 1).*
— *brinophila*, LOCARD, 1882. *Prodr. malac. franç., p. 103 (per errorem).*

Description. — Coquille de petite taille. d'un galbe général subglobuleux, arrondi, mais un peu déprimé en dessus. bien renflé en dessous.— Test solide , épais, crétacé, subopaque, orné de stries longitudinales ondulées, un peu fines, irrégulières, continues ou discontinues, presque aussi fortes en dessus qu'en dessous, à peine atténuées à la naissance de l'ombilic ; d'un blanc grisâtre assez pâle. passant au roux isabelle, le plus souvent monochrome, sans bandes ni fascies, un peu plus pâle en dessous qu'en dessus ; rarement avec une ou plusieurs bandes colorées en fauve un peu plus foncé. étroites, subcontinues, parfois médianes ou supramédianes, en nombre variable, mais toujours peu nombreuses et le plus souvent comme obsolètes.— Spire peu élevée, composée de quatre et demi à cinq tours légèrement convexes, séparés par une suture profonde, bien accusée. — Croissance spirale lente et régulière, à peine un peu plus rapide à l'extrémité du dernier tour. — Dernier tour bien arrondi à sa naissance comme à son extrémité, un peu renflé en dessous. — Insertion du bord supérieur de l'ouverture sensiblement médiane, se confondant avec le plan horizontal passant par l'axe du dernier tour à sa naissance, presque droite, ou très légèrement tombante à son extrémité. — Sommet obtus, lisse, brillant, d'un noir brunâtre plus ou moins foncé. sur un tour et demi de spire environ. — Ombilic visible jusqu'au sommet de la coquille, très petit, régulièrement évasé à sa naissance, laissant voir à l'origine l'avant-dernier tour sur une largeur égale à environ le cinquième du diamètre maximum de l'ombilic. — Ouverture un peu oblique, assez fortement échancrée par l'avant-dernier tour, à bords assez rapprochés, presque exactement circulaire. — Péristome discontinu, mince, tranchant, épaissi intérieurement par un bourrelet blanchâtre, un peu plus fort dans le bas que dans le haut ; bord supérieur arrondi ; bord inférieur égale-

ment arrondi ; bord collumellaire un peu dilaté, recouvrant très faiblement l'ombilic.

DIMENSIONS — Diamètre maximum : 8 à 9 millimètres.
                 Hauteur totale :   4 1/2 à 5   —

OBSERVATIONS. — C'est d'après des échantillons que nous devons à
l'extrême complaisance de MM. Bourguignat et J. Mabille, que nous
avons établi la description qui précède. Dans le principe, nous avions
classé cette petite coquille dans un groupe à part, entre le groupe de
l'*Helix pyramidata* (1) et le groupe de l'*Helix Bertini* (2), ce groupe
correspondant d'après M. Bourguignat au groupe de l'*Helix Saharica* dont
le type est en Algérie. Mais aujourd'hui que nous connaissons mieux le
groupe de l'*Helix Bollenensis*, nous estimons qu'il convient d'y rattacher
définitivement l'*Helix prinohila*.

VARIÉTÉS.— Les échantillons que nous avons reçus des mains de l'auteur
et de M. Bourguignat étaient tous de taille assez petite, mais on trouve
dans la Drôme, assez rarement, il est vrai, une forme tout à fait analogue qui ne diffère du type que par sa taille plus forte, tous les autres
caractères restant absolument les mêmes. Nous établirons donc la var.
suivante :

A. — Var. **major**. — Coquille de même galbe et de même allure que
le type, mais de taille plus forte ; diamètre maximum de 10 à 12 millimètres, hauteur totale de 7 à 7 1/2 millimètres.

RAPPORTS ET DIFFÉRENCES. — Par son galbe subglobuleux, l'*Helix prinohila* appartient encore au sous-groupe de l'*Helix Bollenensis*, dont il
représente la forme la moins globuleuse, avec la spire la moins conique ;
c'est donc en quelque sorte une forme de transition entre ce sous-groupe
et celui des formes subdéprimées des *Helix Perroudiana*, *H. Visanica*
et *H. Tricastinorum*.

Comparé à l'*Helix foliorum*, l'*Helix prinohila* en diffère : par son galbe
moins globuleux, avec une spire moins haute, moins conique ; par ses
tours légèrement convexes, séparés par une ligne suturale plus accentuée,
plus profonde ; par son ouverture moins oblique, et surtout plus exactement circulaire ; par l'insertion du bord supérieur de l'ouverture presque

---

(1) *Helix pyramidata*, Draparnaud, 1805. *Hist. moll.*, p. 80, pl. V, f. 5, 6.
(2) *Helix Bertini*. Bourguignat, 1879. *Mss.* — 1882, *In Locard, Prodr. malac. franç.*, p
103 et 329.

droite et non tombante à son extrémité; etc. Son galbe subglobuleux suffirait à le distinguer des autres formes du même sous-groupe.

Habitat. — Le type a été signalé par M. J. Mabille aux environs de Digne dans les Basses-Alpes. Nous l'avons également reçu de Sisteron, dans le même département. — Quant à la variété on l'observe dans la Drôme, notamment à Saint-Paul-Trois-Châteaux et à Montségur.

B. — Sous-groupe des FORMES SUBDÉPRIMÉES

HELIX PERROUDIANA, Locard

Fig. 7-9.

Helix Bolenensis, Locard, 1882. *Prodr. malac. franç.*, p. 96 (*pars*).
— *Perroudiana*, Locard, 1883. *Mss*.

Description. — Coquille d'un galbe général subdéprimé, légèrement conique en dessus, faiblement renflé en dessous. — Test solide, épais, crétacé, subopaque, orné de stries longitudinales onduleuses, assez rapprochées, fines, assez régulières, continues ou discontinues, un peu moins fortes en dessous qu'en dessus, légèrement atténuées vers l'ombilic ; d'un blanc jaunâtre ou grisâtre, le plus souvent monochrome, quelquefois avec des bandes d'un brun clair, plus ou moins marquées, étroites, discontinues, médianes ou inframédianes, en nombre très variable; presque obsolètes vers l'ombilic. — Spire peu élevée, composée de quatre et demi à cinq tours à profil convexe, séparés par une ligne suturale bien accusée. — Croissance spirale d'abord lente et régulière, puis plus rapide sur près des deux tiers de l'extrémité de la circonférence interne du dernier tour. — Dernier tour arrondi à sa naissance, quoique un peu déprimé en dessus comme en dessous ; également arrondi, mais un peu plus renflé à son extrémité. — Insertion du bord supérieur de l'ouverture légèrement supérieure au plan médian horizontal de l'avant-dernier tour à sa naissance ; légèrement et régulièrement tombante sur une faible longueur à son extrémité. — Sommet obtus, lisse, brillant, noirâtre ou fauve foncé, sur un tour et quart de spire environ. — Ombilic un peu grand, légèrement elliptique à sa naissance, visible jusqu'au sommet de la coquille, laissant voir à l'origine l'avant-dernier tour sur une largeur égale à un peu plus de la moitié du diamètre maximum de l'ombilic. — Ouverture un peu oblique, médiocrement échancrée par l'avant-dernier tour, à bords assez rapprochés, presque exactement circulaires. — Péristome discontinu, mince, tranchant, épaissi intérieurement par un bourrelet blanchâtre assez épais, un peu plus fort dans le bas que dans le haut ; bord supérieur arrondi ; bord inférieur bien arrondi, paraissant légèrement renversé en dehors ; bord columellaire élargi, recouvrant faiblement l'ombilic à sa naissance.

DIMENSIONS. — Diamètre maximum : 10 à 12 millimètres.
Hauteur totale : 7 à 8 1/2 —

OBSERVATIONS. — Cette forme nouvelle, que nous sommes heureux de dédier à notre ami et collègue M. Charles Perroud, lui avait été envoyée de Bollène avec des *Helix Bollenensis*. Dans le principe, nous considérions cette forme comme une variété très déprimée du type. Mais ses caractères sont tels qu'il importe de l'ériger au rang d'espèce bien distincte.

De toutes les Hélices du groupe de l'*Helix Bollenensis*, c'est peut-être l'*Helix Perroudiana* qui présente les caractères les plus fixes et les plus constants. On remarquera qu'il existe cependant quelques variations, soit dans la taille, soit dans la proportion de la hauteur de la spire par rapport au diamètre maximum de la coquille ; à la rigueur, on pourrait peut-être établir une var. *depressa* ; mais il nous a semblé que ces variations étaient plutôt individuelles que générales.

RAPPORTS ET DIFFÉRENCES. — Par son galbe général subdéprimé, l'*Helix Perroudiana* diffère notablement de toutes les espèces que nous venons d'examiner jusqu'à présent ; il sera donc toujours bien facile de le distinguer. Comparé à l'*Helix prinohila*, dernière forme du sous-groupe précédent, il en diffère : par sa taille plus forte, par son galbe plus surbaissé, quoique avec une spire plus conique ; par le profil de ses tours plus convexes ; par son ombilic plus grand, notablement plus elliptique à sa naissance ; par son mode d'enroulement, le dernier tour croissant plus rapidement sur une plus grande longueur à son extrémité ; par ses stries plus fines, plus régulières ; etc.

Cette même espèce présente également quelque analogie avec la var. *major* de l'*Helix Carpensoractensis* ; mais on distingue cette dernière : à sa spire plus haute, avec des tours plus étagés ; à son galbe plus globuleux dans son ensemble ; à ses tours plus convexes ; au mode d'enroulement de ses tours plus réguliers jusqu'à l'extrémité ; à son ombilic toujours beaucoup plus petit ; etc.

HABITAT. — Nous avons observé cette forme dans plusieurs stations : les environs de Bollène dans le département de Vaucluse ; Saint-Paul-Trois-Châteaux, dans la Drôme ; Sisteron, dans les Basses-Alpes ; etc.

HELIX VISANICA, Fagot

Helix Visanica, FAGOT, 1884. *Diagn. esp. nouv.*, p. 16.

DESCRIPTION. — Coquille d'un galbe général subglobuleux, arrondi en dessus, un peu renflé en dessous. — Test solide, épais, crétacé, subopaque, orné de stries longitudinales ondulées, un peu rapprochées, assez fortes, assez régulières, continues ou discontinues, presque aussi fortes en dessous qu'en dessus, atténuées à la naissance de l'ombilic ; d'un jaune blanchâtre ou grisâtre, passant au roux isabelle ; tantôt monochrome, sans bandes ni fascies, un peu plus pâle en dessous qu'en dessus ; tantôt avec quelques bandes ornementales d'un roux un peu plus foncé, minces, étroites, médianes ou inframédianes, en nombre très variable, souvent discontinues, comme obsolètes vers l'ombilic. — Spire un peu élevée, composée de cinq tours à cinq tours et demi, un peu étagés les uns au-dessus des autres, à profil légèrement convexe, séparés par une ligne suturale bien accentuée. — Croissance spirale d'abord un peu lente dans les premiers tours, puis plus rapide mais assez régulière aux derniers tours jusqu'à son extrémité. — Dernier tour un peu déprimé à sa naissance, arrondi à son extrémité, prenant parfois une apparence comme subcarénée à la naissance du dernier ; carène submédiane ou médiane. — Insertion du bord supérieur de l'ouverture toujours un peu supérieure au plan médian horizontal de l'avant-dernier tour à sa naissance ; presque droite à son extrémité. — Sommet obtus, lisse, brillant, noirâtre ou fauve foncé, sur près de deux tours de spire environ. — Ombilic bien visible jusqu'au sommet de la coquille, assez grand, régulièrement subovale, laissant voir à sa naissance l'avant-dernier tour sur une largeur égale à environ un tiers du diamètre maximum de l'ombilic. — Ouverture assez oblique, peu échancrée par l'avant-dernier tour, à bords assez rapprochés, presque circulaire. — Péristome discontinu, mince, tranchant, lé-

gèrement épaissi intérieurement par un faible bourrelet d'un blanc rosé
ou jaunâtre, un peu plus saillant dans le bas que dans le haut ; bord
supérieur légèrement arrondi ; bord inférieur bien arrondi, ne paraissant
pas renversé en dehors ; bord columellaire faiblement dilaté à son
extrémité, recouvrant légèrement l'ombilic.

DIMENSIONS. — Diamètre maximum : 10 à 12 millimètres.
Hauteur totale :   7 à 8 1/2 —

OBSERVATIONS.—L'*Helix Visanica* joue dans ce sous-groupe, par rapport
à l'*Helix Perroudiana*, le même rôle que l'*Helix Lauracina* vis-à-vis de
l'*Helix Bollenensis.* Ce sont deux formes voisines dont le galbe général
est modifié par un certain nombre de caractères constants. On remarquera
que dans l'espèce que nous décrivons il y a une tendance assez accusée
à la présence d'une ornementation du test par des bandes colorées ;
mais celles-ci, même chez les coquilles fraîches, sont souvent si pâles, si
atténuées, qu'elles échappent à un examen superficiel de la coquille. Cependant, M. Fagot en a tenu compte dans la diagnose qu'il a donnée de
cette espèce (1).

Quant à la fausse carène que l'on peut observer sur le dernier tour à
sa naissance, elle est en réalité plus apparente que réelle ; ce dernier
tour est d'une part un peu déprimé en dessus, mais en outre souvent, par
suite de la disposition des bandes ornementales colorées, il reste dans
cette partie de la coquille une bande plus pâle, plus brillante qui contribue
pour beaucoup à donner à cette partie du test cette apparence particulière.

RAPPORTS ET DIFFÉRENCES. — Nous ne pouvons rapprocher l'*Helix
Visanica* que des *Helix Lauracina* et *H. Perroudiana*. On le distinguera
toujours facilement de l'*Helix Lauracina* : à sa taille généralement plus
petite ; à son galbe moins globuleux, plus déprimé en dessus et même
en dessous ; à sa spire encore moins élevée, avec des tours moins étagés,
et à profil moins convexe ; à l'accroissement plus régulier de ses tours
de spire ; à l'insertion du bord supérieur de l'ouverture toujours supérieure
au plan médian de l'avant-dernier tour, et toujours droite à son extrémité ; à son ouverture plus exactement circulaire ; etc.

Rapproché de l'*Helix Perroudiana*, on le distinguera : à sa spire moins

____

(1) *Fasciis luteis variis evanidis cincta.... ultimo (anfractu) in medio albo fasciato*
(Fagot). *Loc. cit.*, p. 17.

conique, avec des tours à profil moins arrondi; à l'accroissement des
tours qui s'eff ctue avec des vitesses différentes ; à son ombilic plus grand,
plus régulièrement strié; à son ouverture plus oblique ; à son dernier
tour moins arrondi, plus plat en dessus ; etc.

Habitat. — M. Fagot n'a signalé cette forme qu'à Visan, dans le département de Vaucluse, d'où nous l'avons également reçue, il y a plus
de deux ans. Nous la signalerons également, mais moins typique, au
pied du mont Léberon, sur le flanc ouest de la montagne, dans ce même
département.

HELIX TRICASTINORUM, F. Florence

Fig. 10-12.

Helix Tricastinorum, F. FLORENCE, 1883. *Mss.*

Description. — Coquille d'un galbe général subdéprimé, déprimé en
dessus, assez renflé en dessous.— Test solide, épais, crétacé, subopaque,
orné de stries longitudinales ondulées, très rapprochées, assez fortes,
irrégulières, continues ou discontinues, presque aussi accusées en dessous qu'en dessus, à peine atténuées à la naissance de l'ombilic; d'un
jaune blanchâtre, passant au roux isabelle ; tantôt monochrome, sans
bandes ni fascies, tantôt avec des bandes faiblement colorées, d'un roux
un peu plus foncé, généralement inframédianes, en nombre très variable,
minces, discontinues, comme obsolètes, surtout vers l'ombilic. — Spire
très peu élevée, composée de quatre et demi à cinq tours, à profil légèrement convexe, séparés par une ligne suturale assez accusée. — Croissance spirale assez lente d'abord, puis devenant beaucoup plus rapide
au dernier tour, sur les deux tiers de sa circonférence interne jusqu'à
son extrémité. — Dernier tour arrondi à sa naissance, subarrondi à son
extrémité, plus renflé en dessous qu'en dessus. — Insertion du bord supérieur de l'ouverture notablement supérieure au plan médian horizontal
de l'avant-dernier tour à sa naissance ; droite à son extrémité.— Sommet
obtus, lisse, brillant, noirâtre ou fauve foncé, sur un tour et demi de
spire environ. — Ombilic assez petit, bien visible jusqu'au sommet de la
coquille, légèrement elliptique à sa naissance, laissant voir l'avant-dernier tour sur une longueur égale à environ le quart du diamètre maximum
de l'ombilic. — Ouverture médiocrement oblique, assez échancrée par

l'avant-dernier tour, à bords peu rapprochés, un peu plus longue que haute et irrégulièrement elliptique.— Péristome discontinu, mince, tranchant, légèrement épaissi intérieurement par un bourrelet blanchâtre ou rosé, à peine plus fort en bas qu'en haut ; bord supérieur arrondi ; bord inférieur légèrement méplan ; bord columellaire arrondi et un peu renversé sur l'ombilic qu'il recouvre sur une petite partie.

DIMENSIONS. — Diamètre maximum : 12 millimètres.
Hauteur totale :   7 1/2 —

OBSERVATIONS. — De toutes les Hélices de ce groupe, c'est l'*Helix Tricastinorum* qui présente le galbe le plus irrégulier dans l'ensemble de ses caractères. C'est la forme qui paraît la plus déprimée, surtout en dessus ; sa spire est en effet un peu élevée, tandis que le dessous est relativement assez renflé. En outre, son ouverture présente des caractères assez particuliers ; elle n'est point arrondie ni régulièrement elliptique comme celle de ses autres congénères, mais bien plutôt aplatie dans le bas, à la façon de certaines espèces du groupe de l'*Helix hispida*.

RAPPORTS ET DIFFÉRENCES. — Avec des caractères aussi nettement tranchés que ceux que nous venons de décrire, il nous semble difficile de confondre l'*Helix Tricastinorum* avec les autres formes de ce groupe. La dépression de sa spire, son mode d'enroulement au dernier tour, l'insertion du bord supérieur de l'ouverture toujours très nettement supérieure au plan médian horizontal de l'avant-dernier tour, la forme toute particulière du dernier tour, etc., permettront toujours de le distinguer facilement des autres espèces du même groupe.

HABITAT. — L'*Helix Tricastinorum* paraît peu abondant ; il a été découvert par le Frère Florence, à Saint-Paul-Trois-Châteaux, dans la Drôme.

EXPLICATION DES FIGURES

EXPLICATION DES FIGURES

Nota. — Toutes ces figures sont dessinées au double de leur grandeur naturelle.

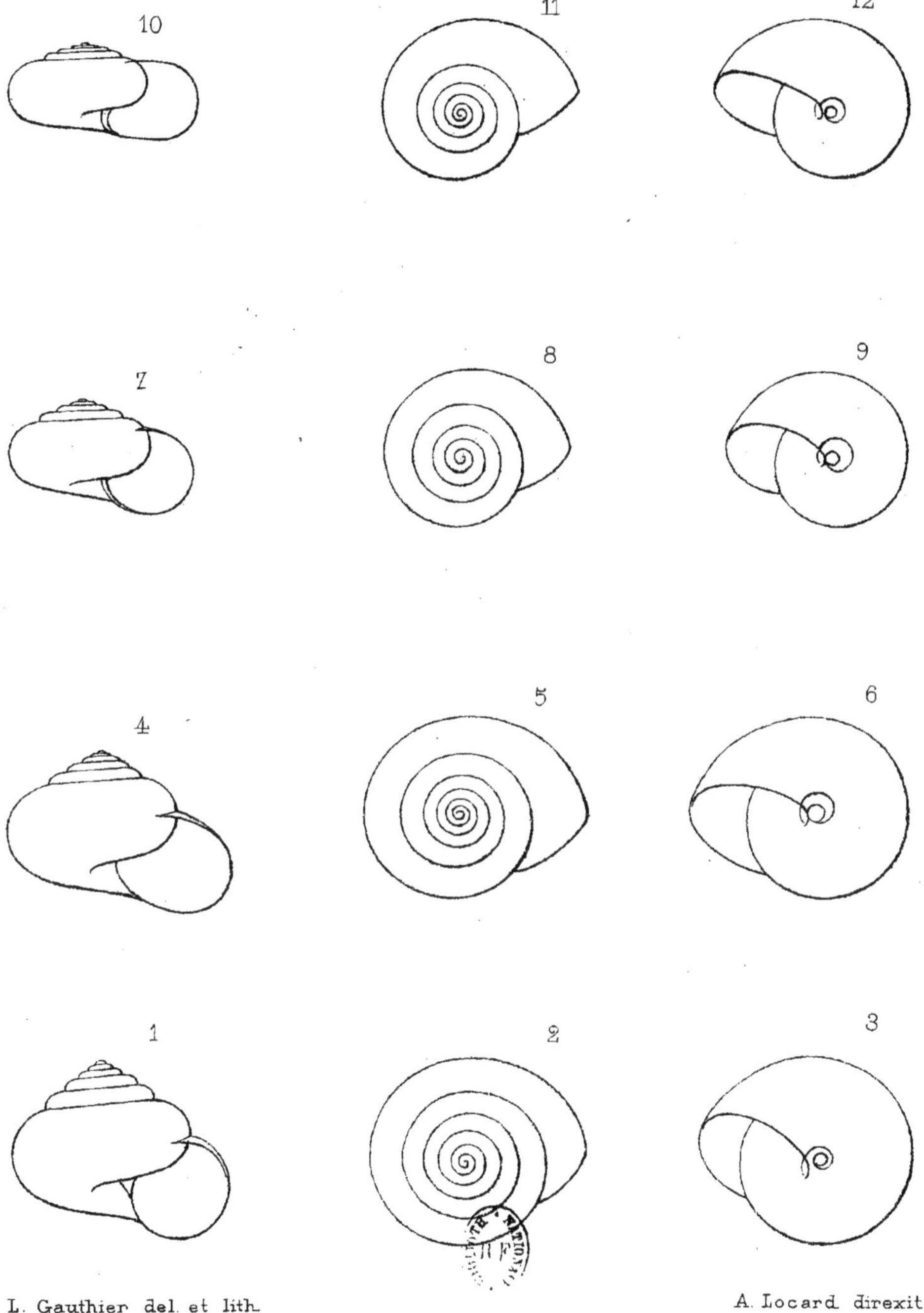

L. Gauthier del. et lith.

Imp. A. Roux, Lyon,

A. Locard direxit

DES

HÉLICES FRANÇAISES DU GROUPE DE L'HELIX BOLLENENSIS, Loc.

NOMS DES HÉLIX	GALBE GÉNÉRAL	GALBE DU DESSUS	GALBE DU DESSOUS	NATURE DES STRIES	ACCROISSEMENT SPIRAL	NOMBRE DE TOURS	PROFIL DES TOURS DE LA SPIRE	LIGNE SUTURALE	PROFIL DU DERNIER TOUR À SA NAISSANCE	PROFIL DE DERNIER TOUR À SON EXTRÉMITÉ	INSERTION DU BORD SUPÉRIEUR DE L'OUVERTURE	ALLURE DU BORD SUPÉRIEUR DE L'OUVERTURE	ALLURE DE L'OMBILIC	DIMENSION DE L'OMBILIC	FORME DE L'OUVERTURE	INCLINAISON DE L'OUVERTURE	DIAMÈTRE MAXIMUM	HAUTEUR TOTALE
Bollenensis, Loc. . . .	globuleux	conique	renflé	peu prof., irrégulières	lent, régulier	5-5 1/2	bien convexe	très profonde	régul. arrondi	régul. arrondi	submédiane	régul. tombante	très régulier	petit	circulaire	très oblique	12-14	10-11 1/2
Lauraciana, Fag. . . .	subglobuleux	subconique	peu renflé	assez fortes, irrégul.	plus rapide, moins rég.	4 1/2-5	moins conv.	moins prof.	—	elliptique	supra-médiane	peu tombante	régulier arr.	moyen	un peu allongée	moins oblique	11-14	9-10 1/2
Carpentoractensis, Fag.	globuleux-conique	très conique	renflé	fines, assez régulières	très lent, assez régul.	5-6	bien convexe	très profonde	—	bien arrondi	lég. sup.-méd.	presque droite	un peu ellipt.	petit	circulaire	très peu oblique	11	9
Robiniana, Bourg. . . .	subglobuleux-conique	conique	assez renflé	fortes, peu régulières	lent, régulier	4 1/2-5	convexe	ass. profonde	subdéprimé	arrondi	—	tomb. à l'extrém	lég. elliptique	très petit	presque circul.	peu oblique	8-10	7-8
Cutiorum, Fag.	un peu globuleux	subconique	—	—	assez lent, assez régul.	4 1/2-5	lég. convexe	peu profonde	déprimé	lég. elliptique	—	assez tombante	régul. arr.	—	un peu allongée	assez oblique	8-11	6 1/2-8
Prinohlin, Mab.	subglobuleux	arrondi	renflé	un peu fortes, irrégul.	lent, assez régulier	4 1/2-5	—	très profonde	arrondi	arrondi	médiane	très lég. tomb.	—	—	circulaire	peu oblique	8-9	4 1/2-5
Perroudiana, Loc. . . .	subdéprimé	lég. conique	très peu renflé	fines, assez régul.-rer	assez rapide, peu rég.	4 1/2-5	convexe	—	lég. déprimé	lég. elliptique	supra-médiane	lég. tombante	elliptique	grand	presque circul.	—	10-12	7-8 1/2
Viannicu, Fag.	—	arrondi	peu renflé	assez fortes, assez rég.	assez rapide, assez rég.	5-5 1/2	moins conv.	—	—	arrondi	—	presque droite	régulier arr.	assez grand	—	assez oblique	10-12	6-7
Tricastinorum, Flor. .	—	déprimé	assez renflé	assez fortes, irrégul.	assez lent, assez régul.	4 1/2-5	peu convexe	ass. profonde	arrondi	subarrondi	très sup. médiane	droite	elliptique	petit	irrégulière	peu oblique	12	7 1/2

TABLE DES MATIÈRES

LYON. — IMPRIMERIE PITRAT AINÉ, RUE GENTIL, 4.

Extrait des *Annales de la Société Linnéenne de Lyon*
Tome XXXI, année 1884

www.ingramcontent.com/pod-product-compliance
Ingram Content Group UK Ltd.
Pitfield, Milton Keynes, MK11 3LW, UK
UKHW022350120726
13694UKWH00004B/1805